주민 · 어업인과 함께하는

해상풍력발전 안내서

- 가이드라인 -

산업통상자원부, 한국해양수산개발원

Jinhan M&B

이 안내서(가이드라인)은『해상풍력발전의 수용성 확보를 위한 협력적 거버넌스 구축방안 연구』를 통해 마련한 것입니다. 지역주민·어업인에게는 해상풍력에 대한 이해를 돕고, 사업자에게는 사업 추진 단계별로 고려할 요소를 제공하며, 지방자치단체 등 행정청에는 해상풍력발전 추진과정에서 주민·어업인과 사업자 간에 필요한 것이 무엇인지를 점검할 수 있도록 지원하는 것을 목적으로 합니다. 이를 통해 해상풍력 발전사업과 관련한 이해관계인과의 논의를 보다 생산적·공개적·협력적으로 진행하도록 촉진하고자 합니다.

Contents

01

개요

작성 배경/목적/기대효과

작성 배경

해상풍력은 탄소중립 목표 실현, 에너지 안보 등을 위해 중요한 재생에너지원의 하나입니다.

- 세계 주요 선진국들은 기후변화에 대응하기 위하여 해상풍력 등 재생에너지 확대를 통한 탄소 저감 노력을 활발히 진행 중이며,
- 제10차 전력수급기본계획에 따르면 우리 정부는 2030년까지 해상풍력에서 설비용량 14.3GW 이상을 공급하기로 목표를 수립하였습니다.

한편, 바다는 법적으로 '공유수면'으로 정의되는 것과 같이 공유재의 성격을 갖습니다. 특정한 집단이나 개인이 아닌 공공의 이익을 유지, 보호, 증진하는 데 기여하여야 합니다. 이는 해상풍력 발전사업자와 어업인들 모두에게 적용되는 기준이라 할 것입니다.

- 따라서, 육지에 비하여 대규모 발전설비의 공급이 가능하여 탄소중립 목표에 기여할 수 있다는 해상풍력발전의 장점을 고려하면서도, 이미 바다에서 생업을 해오던 어업인이나 발전소 및 송변전설비와 관련된 지역주민의 생활환경에 부정적 영향을 미친다는 우려도 충분히 고려하여 사업을 추진할 필요가 있습니다.

동 안내서는 발전사업자와 주민·어업인 등 이해관계인이 함께 공유수면을 바람직한 방향으로 이용할 수 있도록 공정한 소통의 장을 마련하고, 이를 통해, 향후 진행되는 해상풍력 발전사업 추진 과정에서 주민·어업인 의견을 적극 수렴할 수 있도록 하는 다양한 방안을 제시하고자 합니다.

목적/기대효과

지역주민·어업인에게는 해상풍력에 대한 이해를 돕고,
발전사업자에게는 사업추진 단계별로 고려할 요소를 제공하며,
지방자치단체 등 행정청에는 해상풍력 추진과정에서 이해관계인과
사업자 간 의견 조정 등을 위해 필요한 것이 무엇인지 점검할 수 있도록 지원하는 것을 목적으로 합니다.

특히, 이 안내서는 보상·지원·주민참여 제도에 대한 설명과, 사업단계별 사업자·지자체가 준수해야 할 사항, 공정한 소통의 장을 마련키 위한 지역협의회의 구성, 사업·지역·행정정보 등 정보공유 등을 중점적으로 다룹니다.

다만, 이 안내서는 법률적 근거를 가지고 규제 조치의 일환으로 마련된 것이 아닙니다.

- 해상풍력발전사업 추진 과정에서 발생하는 이해관계인과 사업자 사이의 충돌을 사전에 방지하거나 원만하게 해소하고자 할 때 고려하여야 할 요소를 제시하기 위한 것입니다.

이해관계인, 사업자, 행정청 등은 본 안내서에서 제안된 내용을 최대한 고려함으로써, 해상풍력 발전사업 정보를 공유하고, 관련 행정절차를 정확히 이해하여, 상호 신뢰를 바탕으로 합리적으로 사업을 추진해 나갈 수 있을 것입니다.

02

해상풍력 기본정보

가. 해상풍력발전기의 구조·유형 및 설치 공정
나. 해상풍력발전사업의 인·허가 절차

가. 해상풍력발전기의 구조·유형 및 설치 공정

해상풍력발전기의 구조·유형

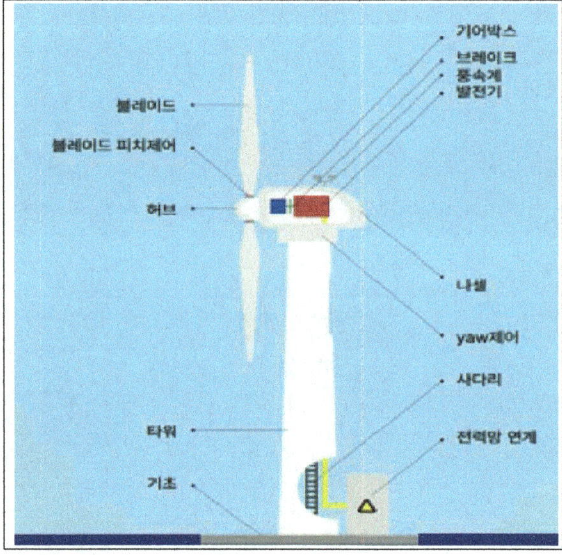

▶ 해상풍력기는 크게 터빈, 타워, 하부구조물로 이루어져 있습니다.

▶ 하부구조물 형태에 따라 두 가지로 구분됩니다.

① 하부구조물을 해저에 고정시키는 고정식 해상풍력발전

② 발전기를 수면에 부유체 형태로 띄우는 부유식 해상풍력발전

▶ 우리나라의 부유식 해상풍력발전은 아직 초기 단계입니다.

설치 공정

① 하부구조물을 육상에서 해상으로 수송한 다음 해저에 설치합니다.

② 타워와 연결하기 위한 연결부를 설치하고 그 위에 타워를 설치합니다.

③ 타워 상부에 너셀·블레이드 등을 순서대로 설치하면 완성됩니다.

④ 풍력기를 같은 단지 내에 여러 개 설치하면 하나의 해상풍력단지가 됩니다. 풍력기는 터빈의 크기에 따라 각 구조물 간의 거리를 고려해 일렬 또는 사각형(다각형)의 형태로 배치합니다.

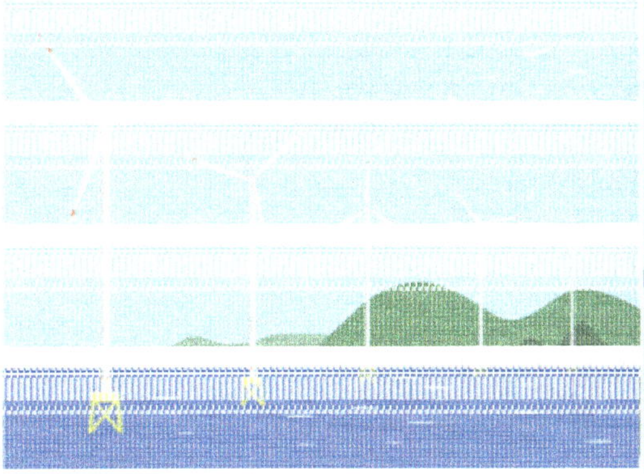

〈 일렬 배치 〉

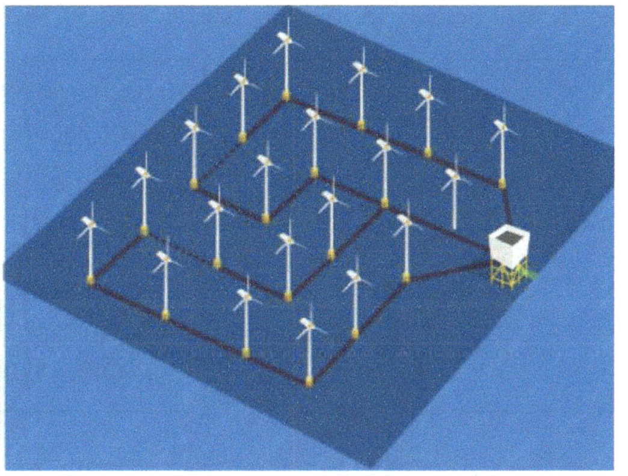

〈 사각형(다각형) 배치 〉

나. 해상풍력발전사업의 인·허가 절차

해상풍력 발전사업은 기본적으로 「전기사업법」과 「전원개발촉진법」에 근거하여 추진되고 있으며, 재생에너지 지원 등 관련 내용은 「신에너지 및 재생에너지 개발·이용·보급 촉진법」에 근거합니다.

「전기사업법」에 근거한 인허가 절차

※ 아래 절차는 발전사업자가 관련 법률에 근거하여 통상적으로 진행하는 단계를 예시적으로 설명한 것으로, 구체적인 순서·사항은 사업별로 상이할 수 있음

계측기 설치 - 공유수면 점용·사용허가	▶ 사업자는 사업대상 해역의 풍황 조건을 관측하기 위해 풍황계측기를 설치하여야 함 ▶ 이때, 사업자는 관할 공유수면관리청(해양수산부장관 또는 지방자치단체장)에 공유수면 점용·사용 허가 신청
⇩	
발전사업 허가	▶ 허가기준 : 전기사업법 제7조 (시행령 제4조) * 발전사업허가 신청전 입지 적정성 사전검토(해양입지컨설팅)을 거칠 필요

개별 인허가 (예시)	- (환경·해양) 환경영향평가(100MW 이상) - 해역이용영향평가(50MW 이상 100MW 미만) - 해역이용협의(50MW 미만) - (해사안전) 해상교통안전진단 - (항로) 항로표지의 설치 허가 - (국방) 군 작전성평가 - (재해) 재해영향평가 - (문화) 문화재지표조사 등
최종 인허가 개발행위허가 공유수면 점용·사용허가 및 실시계획 승인 공사계획인가	▶ 해상풍력발전사업을 하고자 하는 해역을 대상으로 사업자는 공유수면 점용·사용 허가를 신청 ▶ 공유수면 점용·사용에 대한 실시계획 승인 ▶ 발전설비에 대한 공사계획 인가(신고) ▶ 송변전설비가 육지를 통과하는 경우 개발행위허가(지자체) 등이 필요할 수 있음
착공 → 사용전 검사 → RPS 설비 확인 및 준공	

「전원개발촉진법」에 따른 인허가 절차

※ 아래 절차는 발전사업자가 관련 법률에 근거하여 통상적으로 진행하는 단계를 예시적으로 설명한 것으로, 구체적인 순서·사항은 사업별로 상이할 수 있음

※ 「전원개발촉진법」에 따라 발전사업을 추진하는 경우에도, 일부 절차는 「전기사업법」상 절차를 따라야 함

계측기 설치(사업자), 발전사업 허가(산업부) 등
* 발전사업 허가 : 「전기사업법」 근거 / 나머지 절차도 「전기사업법」에 따라 절차 진행시와 유사

⇩

전력수급기본계획 반영(산업부)
* 「전기사업법」 근거

⇩

전원개발사업 실시계획 승인 신청(사업자)
* 「전원개발촉진법」 근거, 실시계획 승인 신청시 사업자는 필요한 인·허가 의제사항 협의
* 「해양공간계획법」 제15조 근거, 실시계획 및 전원개발사업 예정구역에 대해 관계기관 협의 전 해양공간적합성 협의
* 「해양환경관리법」 근거, 실시계획 승인 전에 50MW 미만 사업은 해역이용협의, 50MW 이상 및 100MW 미만 사업은 해역이용영향평가 협의
* 「환경영향평가법」 근거, 100MW 이상 사업은 실시계획 승인 전 환경영향평가 협의

⇩

실시계획 승인·관보 고시(산업부)
* 「전원개발촉진법」 근거

⇩

의제사항 신고(사업자)
* 「전원개발촉진법」 근거

⇩

공사계획 인가(산업부 또는 지자체)
* 「전기사업법」 근거

⇩

착공 → 사용전 검사 → RPS 설비 확인 및 준공

03

보상과 지원, 주민참여

가. 보상과 지원, 주민참여(이익공유)와의 차이
나. 보상
다. 지원
라. 주민참여(이익공유)

이 장에 서술된 내용은 관계 법령 등의 내용을 개략적으로 서술한 것입니다. 향후 법령 제·개정 또는 폐지에 따라 구체적인 대상, 기준, 절차가 달라질 수 있으며 정확한 내용을 확인하기 위해서는 해당 법령을 직접 참고하시기 바랍니다. 아울러, 이 장의 내용은 법률적인 자문을 위한 것이 아니며, 개별·구체적인 상황에 따라 적용 법령이 달라질 수 있다는 점을 유의하여야 합니다.

가. 보상과 지원, 주민참여(이익공유)와의 차이

보상, 지역 지원과 주민참여(이익공유)는 구별되는 별개의 제도입니다. 또한, 보상·지역 지원과 이익공유는 관련 법령·제도 안에서 이루어져야 합니다.

- 보상은 피해(손실)와 관련된 것으로, 해상풍력 발전사업에 따라 피해(손실)를 보게 되는 주민 또는 어업인에게 지급됩니다.
- 지역 지원은 발전사업에 따라 영향을 받게 되는 지역에 대하여 관계 법령*에 따라 주민 복리 증진 등을 지원하는 것을 말합니다.

  * 발전소주변지역 지원에 관한 법률, 송·변전설비 주변지역의 보상 및 지원에 관한 법률

- 이익공유는 피해에 대한 보상 및 지원이라는 소극적 측면이 아니라, 이해관계인이 발전사업에 대하여 자발적 의사에 따라 지분·채권·펀드 방식으로 투자하여 적극적으로 참여하여 주민과 어업인의 수용성을 높이고, 이들의 새로운 소득원을 발굴한다는 부수적 의미도 있습니다.

나. 보상

어업피해 보상

❶ 토지보상법에 따른 보상 기준

- 「공익사업을 위한 토지 등의 취득 및 보상에 관한 법률(토지보상법)」에 따른 공익사업에 해당하는 전기사업의 시행으로 인하여 어업권이 제한·정지 또는 취소되거나 「수산업법」 제14조 등에 따른 어업면허의 유효기간의 연장이 허가되지 아니하는 경우, 해당 어업권 및 어선·어구 또는 시설물에 대한 손실의 평가는 「수산업법 시행령」 별표 10에 따릅니다. (토지보상법 시행규칙 제44조제1항)
- 상기 규정은 허가·신고어업에 대한 손실의 평가에 관하여 준용합니다.

❷ 토지보상법에 따른 보상완료 시점

- 토지보상법에 따른 보상완료 시점은 사업계획단계가 아닙니다. 토지보상법에 따른 보상의 경우 사업 대상지역 내 보상은 착공전 보상이 원칙입니다.
- 다만, 어업권 피해영향 조사 및 보상액 산정과 관련한 평가 과정에 시일이 소요될 수 있어 이를 고려하여 사업자와 어업인 간 보상약정을 체결할 경우 착공후 보상이 가능합니다. 사업 대상지역 밖은 실제 피해 확인 후 보상하게 됩니다.
- 어업권 피해 영향조사 및 보상액 산정에 관한 평가를 통해 보상액을 정하기로 약정을 체결하여 착공 후 보상이 이루어지는 경우, 어업피해조사를 통해 보상 계획을 공고·열람하고 보상 감정평가와 보상 협의 과정을 거쳐 보상 대상과 보상액을 확정하게 됩니다.

※ 각 사업의 보상 과정에서 토지보상법상 보상 원칙들을 최대한 준수함이 바람직하며, 법적 원칙에서 벗어난 개별적 방식이나 비합리적인 방식·수준으로 보상하는 것은 지양해야 합니다.

송전선로 주변지역 보상 등

- 「송·변전설비 주변지역의 보상 및 지원에 관한 법률」에 따라 재산적 보상 및 주택 매수청구(제4조·제5조 등)가 가능합니다.

❶ 재산적 보상

ㅇ 보상범위 : 지상 송전선로의 건설로 인하여 재산상 영향을 받는 지역

구 분	765kV	500kV	345kV
송전선로 양측 가장 바깥선으로부터 각각	33m 이내	20m 이내	13m 이내

* 전기사업법 제90조의2에 따른 보상이 적용되는 지역 등은 제외

ㅇ 보상금액 : 「전기사업법」 제90조의2에 따른 보상수준을 넘지 아니하는 범위에서 아래 사항을 고려하여 정함

- 지상 송전선로 건설로 인한 재산상 영향의 정도
- 2인 이상의 감정평가법인등이 평가한 토지의 가액 (평가 가액은 협의가 성립되는 시점이 기준)

o 청구기간 : 전원개발사업 실시계획 승인일로부터 해당 사업의 공사 완료일(사용전 검사가 완료된 때) 이후 2년까지

❷ 주택매수 청구

o 청구범위 : 지상 송전선로 건설로 인하여 주거상·경관상의 영향을 받는 지역

구 분	765kV	500kV	345kV
송전선로 양측 가장 바깥선으로부터 각각	180m 이내	100m 이내	60m 이내

o 매수금액 : 주택매수 가액의 산정시 표준지공시지가를 기준으로, 주택의 이용계획, 해당 지상 송전선로 건설로 인한 지가의 영향을 받지 아니하는 지역의 지가변동률, 생산자물가상승률, 2인 이상의 감정평가법인 등이 평가한 주택의 가액 등을 고려

o 청구기간 : '토지에 대한 재산적 보상 청구'상 기간 준용

다. 지원

「발전소주변지역 지원에 관한 법률」에 따른 지원사업

- 해상풍력발전소 주변지역에 기본지원사업과 특별지원사업을 실시할 수 있습니다.
  - 주변지역이란, 1) 육지의 해안선 중 발전기와 가장 가까운 지점 (최근접해안지점)을 기준으로 반지름 5킬로미터 이내의 해안선에서 육지 방향으로 수직 2킬로미터 이내의 육지지역(기준지역)이 속한 읍면동과
  - 2) 발전기를 중심으로 발전기에서 최근접해안지점까지의 거리를 반지름으로 하는 해역에 속하는 섬지역(기준지역)이 속한 읍면동을 말합니다.

- 기본지원사업은 주변지역의 개발과 주민의 복리를 증진하기 위하여 시행하는 지원사업을 말하며, 지원사업의 시행기간은 발전소의 건설기간 및 가동기간으로 합니다.

* (지자체) 소득증대, 공공·사회복지, 주민복지지원, 기업유치지원

* (사업자) 전기요금보조사업, 육영사업(育英事業)

사업 종류	세부 내용
소득증대 사업	• 농림수산업시설, 상공업시설 및 관광산업시설의 설치·운영 등 지역발전 및 주민의 소득증대를 위하여 시행하는 사업
공공·사회복지 사업	• 의료시설, 도로시설, 항만시설, 상하수도시설, 환경·위생시설, 방사능방재시설, 운동·오락시설 및 전기·통신시설 등을 건립·운영하는 사업과 복지회관 건립 등 지역주민을 위한 사회복지 관련 시설 확충 및 지원 프로그램 운영사업
주민복지 지원사업	• 지역주민의 생활안전 및 주거환경 개선 등을 위하여 필요한 사업에 필요한 자금 등을 지원하는 사업 • 주민복지증진을 위하여 주민건강진단비, 정보·통신비 등의 일정액을 보조하는 사업
기업유치 지원사업	• 기업의 유치 및 설립·운영에 필요한 자금의 지원 등 지역의 수익과 고용창출을 촉진하기 위하여 시행하는 사업
전기요금 보조사업	• 「전기사업법」 제16조에 따른 공급약관에서 정한 주택용 전력 및 산업용 전력에 대한 전기요금의 일정액을 보조하는 사업
육영사업	• 교육 기자재 및 통학·숙식 지원, 학자금·장학금 지급 및 교육·문화 관련 시설 건립 등 지역주민에 대한 교육을 지원하는 사업
그 밖의 지원사업	• 발전소 주변지역 지원사업 목적에 맞는 주민 협조 제고에 필요한 사업

- 특별지원사업은 발전소가 건설 중이거나 건설이 예정된 주변지역과 그 특별자치도·시·군 및 자치구 지역에 대하여 시행하는 지원사업을 말합니다. 발전소 건설기간 중 및 가동전까지 지급하며, 지자체가 시행합니다. 사업은 지자체 장이 기본지원사업의 종류와 세부 내용을 고려하여 정합니다.

- 지원금은 전전년도 발전량, 발전원별 지원금 단가, 발전기로부터 기준지역까지의 면적가중평균거리에 따른 지급률 등을 고려한 법령상 기준에 따라 산정되며, 어선 수, 공유수면 관리 지자체인지 여부, 육지/섬 지역 면적의 관할 비율, 인구 등을 감안한 법령상 기준에 따라 배분합니다.

「송·변전설비 주변지역의 보상 및 지원에 관한 법률」에 따른 지원사업

- "송·변전설비 주변지역"은 "송전선로 주변지역"과 "변전소 주변지역"으로 구성됩니다.

  - "송전선로 주변지역"이란 전압이 34만 5천 볼트 이상인 지상 송전선로가 지나가는 선하(線下)지역 인근을 말하며, 그 기준은 아래와 같습니다.

구 분	765kV	500kV	345kV
송전선로 양측 가장 바깥선으로부터 각각	1,000m 이내	800m 이내	700m 이내

  - "변전소 주변지역"이란 전압이 34만 5천 볼트 이상인 옥외변전소가 위치하는 인근지역으로서, 그 범위는 아래와 같습니다.

구 분	765kV	500kV	345kV
외곽경계로부터 사방	850m 이내	800m 이내	600m 이내

  - 산업통상자원부장관은 송·변전설비 주변지역의 경계가 행정 운영상 리(里) 등 일정한 주거지역을 통과하는 경우에는 지리적 상황과 생활여건 등을 고려한 범위에서 제6조에 따른 주변지역 지원 심의위원회의 심의를 거쳐 송·변전설비 주변지역의 범위를 결정할 수 있습니다.
  - 지원사업의 시행기간은 산업통상자원부장관이 수립하는 「송·변전설비 지원사업계획 수립지침」에 따라 사용일부터 철거완료일까지 지급합니다.

  * 사용일 : 전기사업법 제63조에 따른 최초 (임시)사용전검사 승인일

- 사업자는 매년 주민의 의견을 수렴하여 주변지역에 대한 지원사업계획을 수립하여야 하며, 사업자는 계획에 대하여 주변지역 지원 심의위원회의 심의를 거친 후 산업통상자원부장관의 승인을 받아야 합니다.
- 송전선로 지원금은 전압별 전체 회선길이, 전압별 송전선로 지원금 단가를 고려하여 산정하며, 변전소 지원금은 변전용량, 변전소 지원금 단가를 고려하여 산정합니다.

- 「송변전설비주변지역법」에 따라 송변전설비 주변지역에 대해 주민지원, 주민복지, 소득증대, 육영사업 등이 가능합니다.

〈지원사업의 종류〉

지원사업의 종류	세부 지원내용
1. 주민지원사업	가. 전기요금의 보조 나. 텔레비전 수신료, 유선료 및 인터넷 비용의 지원 다. 상수도·하수도 및 난방비 등의 지원
2. 주민복지사업	가. 주택의 개량 나. 목욕·건강·운동·미용·오락 시설의 건립 및 운영 다. 문화행사 체험 및 관광의 실시 라. 교통수단의 제공 마. 지역도서관, 놀이방 및 공부방 등의 건립 및 운영
3. 소득증대사업	가. 태양광 시설 설치 및 운영 지원 나. 산림부산물 퇴비화의 지원 다. 퇴화 농작물·임산물의 재배·가공 및 판매의 지원 라. 시설채소 재배·가공 및 판매의 지원 마. 가축 사육 및 판매의 지원 바. 특화 수산물 재배, 수산 양식 및 판매의 지원 사. 농지매매 및 임대차 자금지원 등 영농규모화의 지원
4. 육영사업	가. 평생교육의 지원 나. 농어촌학교의 운영 다. 장학기금의 적립 라. 기숙사의 제공 마. 교육기자재 및 학교급식의 지원
5. 그 밖에 송·변전설비 주변지역의 발전, 환경개선, 안전관리, 주민의 건강 증진 및 전원 개발의 촉진을 위하여 필요한 사업	가. 주민 건강검진의 실시 나. 외지가족 통보서비스의 지원 다. 농기구 공동 활용 지원 라. 송·변전설비 주변지역의 재난 및 안전관리의 지원

* 주민지원사업 중 "전기요금의 보조"란 「전기사업법」 제16조에 따른 공급약관에서 정한 송·변전설비 주변지역의 개별 세대별 전기요금의 일정액을 보조하는 것을 말함

라. 주민참여 (이익공유)

이외에도 일정한 요건을 갖춘 주민·어업인이 자발적 의사에 따라 해상풍력발전 사업에 직접 참여하여 이익을 공유받을 수 있습니다.

- 해상풍력발전에 대한 주민참여는 주민·어업인이 사업에 대한 지분이나 채권 또는 펀드로 투자하여 적극적으로 사업에 참여하고, 이를 통해 새로운 소득원을 발굴한다는 차원에서 의미가 있습니다.

먼저, 주민 투자에 대한 대가로서, 사업자는 투자에 따른 배당·이자를 주민에게 지급하게 됩니다.

- 또한, 주민·어업인이 총사업비 대비 일정비율 이상 지분·채권·펀드로 투자하는 경우, 사업자는 주민참여형 사업에 따른 신재생에너지 공급인증서(Renewable Energy Certificate, REC) 추가 가중치를 부여받게 되며, 사업자는 REC 추가 가중치에 따른 수익금을 참여 주민에게 공유합니다.

  * 신에너지 및 재생에너지 개발이용보급 촉진법 제27조의2 제2항에 따라 주민참여에 따른 REC 추가 가중치 수익은 주민에게 배분되어야 함

〈REC 가중치 주요 내용〉

▶ 1MWh의 신재생에너지 전기 생산시 "1 REC × 가중치"를 사업자에게 발급 (가중치는 해상풍력, 육상풍력, 태양광 등 발전원별로 다름)
▶ 주민참여형으로 발전사업 진행시, 위 가중치에 주민참여에 따른 가중치를 더하여 사업자에게 REC 발급 * 해상풍력발전사업의 주민참여형 사업 요건 : 설비용량 3MW 이상, 주민참여비율은 총사업비의 1% 이상 등 * 주민참여 비율에 따라 가중치 부여 정도가 다름

현재, 주민참여사업 제도는 개편 중에 있습니다. 제도 개정이 완료된 이후 주민참여형 사업에 대한 동 안내서(가이드라인)상 설명 및 권고사항을 구체화하여 '23.3분기 중 별도의 안내서(가이드라인)를 배포할 계획입니다.

참 고 어업보상 관련 「토지보상법」 주요 규정

토지보상법이 적용되는 경우

법 제4조(공익사업) 관계 법률에 따라 허가·인가·승인·지정 등을 받아 공익을 목적으로 시행하는 철도·도로·공항·항만·주차장·공영차고지·화물터미널·궤도(軌道)·하천·제방·댐·운하·수도·하수도·하수종말처리·폐수처리·사방(砂防)·방풍(防風)·방화(防火)·방조(防潮)·방수(防水)·저수지·용수로·배수로·석유비축·송유·폐기물처리·전기·전기통신·방송·가스 및 기상 관측에 관한 사업

보상 시점

법 제62조(사전보상) 사업시행자는 해당 공익사업을 위한 공사에 착수하기 이전에 토지소유자와 관계인에게 보상액 전액(全額)을 지급하여야 한다. 다만, 제38조에 따른 천재지변 시의 토지 사용과 제39조에 따른 시급한 토지 사용의 경우 또는 토지소유자 및 관계인의 승낙이 있는 경우에는 그러하지 아니하다.

시행규칙 제63조(공익사업시행지구밖의 어업의 피해에 대한 보상) ①공익사업의 시행으로 인하여 해당 공익사업시행지구 인근에 있는 어업에 피해가 발생한 경우 사업시행자는 실제 피해액을 확인할 수 있는 때에 그 피해에 대하여 보상하여야 한다. 이 경우 실제 피해액은 감소된 어획량 및 「수산업법 시행령」 별표 10의 평년수익액 등을 참작하여 평가한다.

② 제1항에 따른 보상액은 「수산업법 시행령」 별표 10에 따른 어업권·허가어업 또는 신고어업이 취소되거나 어업면허의 유효기간이 연장되지 아니하는 경우의 보상액을 초과하지 못한다.

③ 사업인정고시일등 이후에 어업권의 면허를 받은 자 또는 어업의 허가를 받거나 신고를 한 자에 대하여는 제1항 및 제2항을 적용하지 아니한다

보상 기준

법 제76조(권리의 보상) ① 광업권·어업권·양식업권 및 물(용수시설을 포함한다) 등의 사용에 관한 권리에 대하여는 투자비용, 예상 수익 및 거래가격 등을 고려하여 평가한 적정가격으로 보상하여야 한다.

② 제1항에 따른 보상액의 구체적인 산정 및 평가방법은 국토교통부령으로 정한다.

시행규칙 제44조(어업권의 평가 등) ① 공익사업의 시행으로 인하여 어업권이 제한·정지 또는 취소되거나 「수산업법」 제14조 또는 「내수면어업법」 제13조에 따른 어업면허의 유효기간의 연장이 허가되지 아니하는 경우 해당 어업권 및 어선·어구 또는 시설물에 대한 손실의 평가는 「수산업법 시행령」 별표 10에 따른다.

② 공익사업의 시행으로 인하여 어업권이 취소되거나 「수산업법」 제14조 또는 「내수면어업법」 제13조에 따른 어업면허의 유효기간의 연장이 허가되지 아니하는 경우로서 다른 어장에 시설을 이전하여 어업이 가능한 경우 해당 어업권에 대한 손실의 평가는 「수산업법 시행령」 별표 10 중 어업권이 정지된 경우의 손실액 산출방법 및 기준에 의한다.

③ 법 제15조제1항 본문의 규정에 의한 보상계획의 공고(동항 단서의 규정에 의하는 경우에는 토지소유자 및 관계인에 대한 보상계획의 통지를 말한다) 또는 법 제22조의 규정에 의한 사업인정의 고시가 있은 날(이하 "사업인정고시일등"이라 한다) 이후에 어업권의 면허를 받은 자에 대하여는 제1항 및 제2항의 규정을 적용하지 아니한다.

④ 제1항 내지 제3항의 규정은 허가어업 및 신고어업(「내수면어업법」 제11조제2항의 규정에 의한 신고어업을 제외한다)에 대한 손실의 평가에 관하여 이를 준용한다.

⑤ 제52조는 이 조의 어업에 대한 보상에 관하여 이를 준용한다.

04

사업단계별 준수 사항

이 장의 내용은 일반적인 해상풍력사업의 절차와 과정을 중심으로 작성되었습니다. 이 장에 서술된 내용 중 법령에 관한 사항은 향후 법령 제·개정 또는 폐지에 따라 달라질 수 있으므로 정확한 내용을 확인하기 위해서는 해당 법령을 직접 참고하시기 바랍니다. 아울러, 이 장의 내용은 법률적인 자문을 위한 것이 아니며, 개별·구체적인 상황에 따라 적용 법령이 달라질 수 있다는 점을 유의하여야 합니다.

가. 사업 계획 단계

발전사업자는 발전사업허가 신청 전 해상풍력 입지적정성 사전 검토(해양입지 컨설팅)을 실시하여야 합니다.

* 「발전사업세부허가기준, 전기요금산정기준, 전력량계허용오차 및 전력계통운영업무에 관한 고시」 [별표1] (발전사업허가 심사기준)

- 사업자는 발전사업허가 신청시 입지적정성 사전 검토 결과와, 사업계획(부지확보 및 배치계획 등)에 입지적정성 사전 검토 결과를 반영한 조치사항을 제출하여야 하며, 산업통상자원부 전기위원회는 이를 고려하여 발전사업허가 심의를 하게 됩니다.
- 다만, 사업 초기 단계부터 어업 및 항로 영향 등 입지 적정성을 검토하는 것이 필요하므로 풍황계측기 설치 전 입지적정성 사전 검토를 실시할 것을 권고합니다.

해상풍력 입지적정성 사전 검토는 산업통상자원부를 통해 일괄 신청할 수 있습니다.

- 해양수산부·환경부·국방부 등 관계 부처는 해양환경, 어업정보, 통항정보 검토(이상 해수부), 조류·섬·육상 등 환경영향 관련 검토(이상 환경부), 군 작전성 여부 검토(이상 국방부) 등을 하게 됩니다.

나. 풍황계측기 설치

사업자는 원하는 해역의 풍황 조건을 관측하기 위하여 해양공간에 풍황계측기를 설치하여야 하며, 사업자는 관할 공유수면관리청*에 공유수면 점용·사용을 신청하게 됩니다.

* ①배타적 경제수역(EEZ), 국가관리무역항·연안항의 항만구역 안의 공유수면 : 해양수산부 장관(지방해양수산청장에 위임)
  ②지방관리무역항·연안항의 항만구역 안의 공유수면 : 시·도지사
  ③그 외 공유수면 : 시장·군수·구청장

- 사업자는 공유수면 점용·사용 허가 신청시, 공유수면 점용·사용 관련 그 허가로 인해 피해가 예상되는 권리자가 있는 경우 그 권리자의 동의서를 첨부하여야 합니다(공유수면의 관리 및 매립에 관한 법률 (공유수면법) 시행규칙 제4조)
  - 권리자란 공유수면법 시행령 제12조제1항 각 호의 어느 하나에 해당하는 권리자를 말합니다.

1. 법 제8조에 따른 점용·사용허가를 받은 자
2. 법 제28조에 따른 매립면허를 받은 자
3. 「수산업법」 제2조제11호에 따른 입어자(入漁者)
4. 「수산업법」 제8조에 따른 어업면허를 받은 자 및 「양식산업발전법」 제10조에 따른 양식업(같은 조 제1항제7호에 따른 내수면양식업은 제외한다) 면허를 받은 자
5. 「수산업법」 제41조제3항에 따른 구획어업 및 「양식산업발전법」 제43조제1항제1호에 따른 육상해수양식업의 허가를 받은 자

5의2. 「수산종자산업육성법」 제21조에 따른 수산종자생산업의 허가를 받은 자

6. 인접한 토지·인공구조물의 소유자 또는 점유자
7. 조선소의 소유자 또는 점유자[조선소에서 선박을 상가(上架)하는 데에 필요한 공유수면으로서 수중 선가대(선박을 땅 위로 끌어 올려놓을 수 있는 구조물 및 설비를 말한다)의 끝으로부터 상가할 수 있는 최대선박 길이의 3배 이내의 공유수면에 대한 허가·협의 또는 승인의 경우만 해당한다]

- 공유수면관리청은 점용·사용허가를 하는 경우 해양환경·생태계·수산자원 및 자연경관의 보호, 그 밖에 어업피해의 예방 또는 공유수면의 관리·운영을 위하여 필요하다고 인정하는 경우에는 대통령령으로 정하는 바에 따라 어업인 등 이해관계자의 의견을 들어야 합니다.

이 밖에도, 풍황계측기 설치시 공유수면 점용·사용허가를 하려는 행정청은「해양환경관리법」에 따른 해역이용협의를 거치게 됩니다.

- 해역이용협의시 법적으로 의견수렴을 의무화하고 있지는 않으나, 갈등이 발생할 소지가 있다고 판단되는 경우 등 필요한 경우에는 사업자와 행정청은 지역협의회 등을 통해 이해관계인 의견수렴을 위해 노력할 것을 권고합니다.

- 이 밖에, 공유수면 점용·사용에 관련한 사항은 해양수산부의 「공유수면 업무 길라잡이」를 참고할 수 있습니다.

- 한편, 산업부는 현재 발전사업허가를 위한 풍황계측기 유효지역 범위 조정, 풍황계측기 설치 허가 후 일정기간 내 발전사업허가 신청 의무화 등 내용을 포함하여 풍황계측기 관련 제도 개선('23.상반기 완료 예정)을 추진하고 있습니다. 제도 개정이 완료된 이후 개선 제도에 대한 설명을 구체화하여 별도의 안내서(가이드라인)를 수정 배포할 계획입니다.

다. 발전사업 허가

- 「전기사업법」상 허가 기준에 따르면, 발전사업을 하려는 자는 허가를 신청하는 날부터 14일 전까지 발전소가 입지하는 해당지역의 주요 일간신문에 발전사업의 내용을 주민이 열람할 수 있도록 하여야 합니다.
  (전기사업법 제7조제5항제5호 및 시행령 제4조의2)

- 사업자는 법률에서 정한 방식 외에도 발전사업의 주요 내용을 주민·어업인에게 전달하기 위하여 사업설명회 및 간담회를 개최하거나, 지역협의회를 통해 수시로 의견을 수렴하는 등 노력이 필요합니다.

라. 개별 인·허가

개 요

- 개별 인허가 사항으로는 환경영향평가, 재해영향평가, 군작전성평가, 문화재지표조사, 항로표지 설치, 해역이용협의/해역이용영향평가, 해상교통안전진단 등이 있습니다.
  - 이 중, 환경영향평가와 해역이용영향평가는 의견수렴을 법적으로 의무화하고 있습니다. 다만, 의견수렴이 동의서 징구를 의미하는 것은 아닙니다.

〈참고 : 환경영향평가, 해역이용영향평가 등 의견수렴 사항〉

설비 용량	환경영향·해역이용 관련 개별 인허가 등			
	환경영향	의견수렴 법적 의무	해역이용	의견수렴 법적 의무
100MW 이상	환경영향평가	O	← 환경영향평가로 갈음	O
50MW 이상 100MW 미만	-	-	해역이용영향평가	O
50MW 미만	-	-	해역이용협의	X

환경영향평가

환경영향평가 대상사업의 사업지역을 관할하는 시장·군수·구청장*은 특별한 사유가 없으면 환경영향평가서 초안이 접수된 날부터 10일 이내에 일간신문과 지역신문에 각각 1회 이상 공고하고, 20일 이상 60일 이내의 범위에서 환경영향평가 대상지역의 주민 등이 공람**할 수 있게 하여야 합니다.(환경영향평가법 시행령 제36조)

* 해당 사업지역이 둘 이상의 시·군·구에 걸치는 경우에는 해당 사업지역의 면적 또는 길이가 가장 많이 포함되는 지역을 관할하는 시장·군수·구청장을 말함

* 공휴일과 토요일은 공람기간에 산입하지 않음

- 주민은 환경영향평가서 초안의 공람기간이 시작된 날부터 환경영향평가서 초안의 공람기간이 끝난 후 7일 이내에 주관 시장·군수·구청장 또는 관계 시장·군수·구청장에게 해당 사업의 시행으로 예상되는 환경영향, 환경보전방안 및 공청회 개최 요구 등에 대한 의견을 제출할 수 있습니다.(환경영향평가법 시행령 제38조)

사업자는 환경영향평가서 초안의 공람기간 내에 설명회를 개최하여야 합니다.(환경영향평가법 시행령 제39조)

- 사업자는 환경영향평가 대상사업이 둘 이상의 시·군·구에 걸치는 경우 각각의 시·군·구에서 설명회를 개최하여야 합니다.
- 사업자는 설명회와 별도로, ① 공청회 개최가 필요하다는 의견을 제출한 주민이 30명 이상인 경우나 ② 공청회 개최가 필요하다는 의견을 제출한 주민이 5명 이상이고, 환경영향평가서 초안에 대한 의견을 제출한 주민 총수의 50% 이상인 경우 공청회를 개최하여야 합니다.(환경영향평가법 시행령 제40조)

해역이용영향평가

공유수면 점용·사용허가 등 면허·허가를 하고자 하는 행정기관의 장(처분기관)*은 사업자가 제출한 해역이용영향평가서 초안에 대하여 주민공람을 실시하여야 합니다.

* 처분기관의 정의 : 해양환경관리법 제84조제1항 / 주민공람 : 동법 시행규칙 제50조

* 전국을 보급지역으로 하는 하나 이상의 일간신문 및 대상지역을 주된 보급지역으로 하는 하나 이상의 일간신문과 인터넷 홈페이지에 각각 1회 이상 공고 하고 공람기간은 20일 이상하여야 함

평가대상 사업자는 공람이 끝난 이후 사업의 시행으로 인하여 영향을 받게 되는 지역의 주민 등 이해관계자를 대상으로 설명회 또는 공청회를 개최하여야 합니다.(해양환경관리법 시행규칙 제51조)

* 공청회 개최 : ①공청회의 개최가 필요하다는 의견을 제출한 주민이 30명 이상인 때 ②공청회의 개최가 필요하다는 의견을 제출한 주민이 5명 이상 30명 미만인 경우로서 평가서 초안에 대한 의견을 제출한 주민이 주민총수의 100분의 50 이상인 때

기타 유의사항

한편, 인·허가시 법적으로는 의견수렴 의무가 없는 경우에도, 상황에 따라서는 의견수렴이 필요한 경우가 있을 수 있습니다. 이러한 경우, 사업자는 지역협의회 등을 통해 의견을 수렴하는 등 노력이 필요합니다.

- 한편, 인·허가 외 사항에 대해서도 필요시 의견을 조정할 필요가 있으며, 이 경우에도 지역협의회를 활용하여 의견 조정 및 대안 마련 등을 모색할 것을 권고합니다.

마. 최종 인·허가

최종 인허가로는 공유수면 점용·사용 허가(해상), 개발행위허가(육상), 공사계획인가 등이 있습니다.

- 송전선로 건설과 관련된 개발행위허가, 도로점용허가 등은 법적으로 의견수렴을 요건화하고 있지는 않습니다. 다만, 필요한 경우 사업자와 행정청은 지역협의회 등을 통해 이해관계인 의견수렴을 위해 노력할 것을 권고합니다.
- 최종 인허가 중 법적으로 의견수렴을 요건화하고 있는 것으로는 공유수면 점용·사용허가가 있습니다.(공유수면 관리 및 매립에 관한 법률(공유수면법))

사업자는 해상에 해상풍력기 설치 등 발전단지를 건설하기 위하여 관할 공유수면관리청에 공유수면 점용·사용을 신청하게 됩니다. 관할 공유수면관리청에 대한 내용은 25쪽을 참고하시기 바랍니다.

- 사업자는 공유수면 점용·사용 허가 신청시, 공유수면 점용·사용 관련 공유수면 법령 상 권리자가 있는 경우 그 권리자의 동의서를 첨부하여야 합니다.(공유수면법 관리 및 매립에 관한 법률(공유수면법) 시행규칙 제4조)

- 권리자란 공유수면법 시행령 제12조제1항 각 호의 어느 하나에 해당하는 권리자를 말합니다. 권리자의 범위는 26쪽을 참고하시기 바랍니다.

- 공유수면관리청은 점용·사용허가를 하는 경우 해양환경·생태계·수산자원 및 자연경관의 보호, 그 밖에 어업피해의 예방 또는 공유수면의 관리·운영을 위하여 필요하다고 인정하는 경우에는 대통령령으로 정하는 바에 따라 어업인 등 이해관계자의 의견을 들어야 합니다.

이 밖에, 공유수면 점용·사용에 관련한 사항은 해양수산부의 「공유수면 업무 길라잡이」를 참고할 수 있습니다.

05

지역협의회

가. 필요성과 기능
나. 지역협의회 설치가 바람직한 경우와 방법
다. 지역협의회 참여 대상
라. 지역협의회 구성
마. 지역협의회 운영
바. 지역협의회 의사결정의 원칙과 방법

가. 필요성과 기능

지역협의회는 사업계획과 보상계획, 어업 및 통항 현황 등 각종 정보를 공유하고, 의견을 수렴하기 위한 종합 창구로써 활용할 수 있습니다.

- 아울러, 주민참여형 사업으로 운영할지 여부를 논의하고, 주민참여형 사업을 운영하려는 경우, 주민참여형 사업의 운용 및 이익의 배분 등과 관련된 사항도 함께 논의할 수 있습니다.

다만, 이 안내서에 따른 지역협의회와 관련된 사항은 개별 법령의 내용에 우선하여 적용되거나, 개별 법령을 배제하는 것이 아닙니다.

- 특히, 보상·지원 제도는 개별 법령에서 대상, 기준, 절차를 구체적으로 명시하고 있으므로 이에 따라야 합니다.
- 인·허가와 관련된 의견수렴의 경우 개별 법령에서 대상을 명시적으로 규정하는 경우나 확립된 해석례가 있는 경우에도 해당 규정 또는 해석례를 따라야 합니다.
- 법률에 따른 의견수렴 의무 이행을 위해 지역협의회를 활용하려면, 사전에 관계 행정기관과 충분히 협의해야 합니다.

한편, 지역협의회의 의사결정은 비법정의 권고 성격을 지닙니다. 지역협의회에서 합의에 도달하지 못하였다고 해서 사업자가 해상풍력발전 사업에 필요한 행정절차를 진행하지 못함을 의미하는 것은 아닙니다.

- 다만, 지역협의회에 참여하는 모든 사람은 논의 결과를 존중하고 합의에 이를 수 있도록 노력을 지속 기울여야 합니다.

나. 지역협의회 설치가 바람직한 경우와 방법

지역협의회는 민간주도 해상풍력사업에 적용됩니다. 지자체가 주도하는 해상풍력사업의 의견수렴, 정보공유 등을 위해 「신·재생에너지 집적화단지 조성·지원 등에 관한 지침」에 따른 민관협의회 제도가 별도로 마련되어 있습니다.

- 특히, 지역협의회는 설비용량이 40MW를 넘어서는 중·대규모 사업을 추진하려는 경우 활용될 수 있을 것입니다. 소규모 사업의 경우에는 사업별·지역별 여건을 감안하여 지역협의회에 준하는 방법으로 의견을 충분히 수렴하기 위한 방안을 모색할 것을 권고합니다.

지역협의회는 개별 사업별로 설치하는 것이 원칙입니다. 다만, 사업 지역이 인근에 위치하고 사업 일정도 비슷한 경우로서 각 사업자들간 합의하는 경우가 있을 수 있습니다. 여러 사업을 묶어 특정 지역을 단위로 하는 지역협의회를 구성할 수도 있습니다.

- 광역자치단체 단위에서 지역협의회를 이미 구성하고 있는 경우에는 지역별·사업별로 하위 분과를 설치하여 지역협의회를 구성·운영하는 방안도 검토할 수 있습니다.

* 단, 집적화단지 민관협의회는 집적화단지 지정·운영을 위한 것으로서 개별 사업별 지역협의회와는 분리하여 운영함이 바람직

다. 지역협의회 참여 대상

이해관계가 있는 주민·어업인의 범위

해상풍력은 공유자원인 바다 위에 건설되기 때문에, 수산업과 해상교통, 해양환경과 생태계, 해양관광과 경관 등 다양한 분야에 직·간접적으로 영향을 미칠 수 있습니다.

- 해상풍력의 영향 범위와 이해관계인의 범위를 단정적으로 규정하기는 쉽지 않으며, 해외에서도 단일한 기준을 찾을 수는 없습니다.

이해관계인으로 고려할 수 있는 어업인은 해당 해상풍력발전단지에서 면허·허가·신고어업을 영위하는 사람으로서 어업권 등 관련 법령에 따라 피해보상의 대상이 되는 어업인을 말합니다.

이해관계인으로 고려할 수 있는 주민은 개략적으로 ❶해상풍력발전기 일정반경(예: 10㎞) 이내 지역에 거주하는 주민과 ❷해당 해상풍력발전사업에 따라 신설 또는 증설되는 송변전 설비 인근 주민이라 할 수 있습니다.

- 해외 사례, 다수의 경관적 측면 관련 논문에서 발전기 반경 5km를 상당한 경관영향의 기준으로 제시하고 있습니다.
- 다만, 5km 밖 지역이라 할지라도 기상, 지리 요인 등에 따라 경관 영향이 다른 지역보다 두드러지게 나타날 수 있어, 보다 넓은 범위(예: 10km)를 기준으로 주민의 이해관계 범위를 설정할 것을 권고합니다.
  - 참고로, 발전사업이 이루어지는 지역별 사회경제적·지리적 특성이 서로 다른 만큼 위 기준을 획일적으로 적용하라는 의미는 아닙니다.

발전사업을 주민참여형으로 진행하려는 경우에는 이해관계자의 범위 설정시 주민참여사업 제도를 함께 참고할 수 있습니다. 주민참여사업 제도는 현재 개편 중이므로, 개정 이후 주민참여사업 제도를 참고할 것을 권고합니다.

참여 자격의 입증

구체적으로 이해관계인의 범위를 설정할 때, 참여 자격을 구분하는 전제조건인 해상풍력발전소 건설 대상지역과의 관련성은 다양한 자료를 통해 이해관계인 스스로 입증하는 것을 원칙으로 하여야 합니다.

- 어업인들의 경우, 「어선안전조업법」에 따른 위치보고 자료, 「어선법」에 따라 설치된 어선위치발신장치(선박패스) 자료 등 객관적인 자료(예: 과거 3년치)를 통해 대상지역에서 실제로 조업하거

나 통항하고 있음을 증빙할 수 있습니다.

- 풍력단지에 인접한 해안에 거주하는 주민들은 영향권역 내에 거주하고 있음을 주민등록등본 등을 통해 증빙할 수 있습니다.

개인의 참여 여부

이해관계인에 해당하더라도 모든 주민이 지역협의회에 참여하는 것은 효과적이고 공정한 의견수렴을 위해 바람직하지 않습니다. 이해관계인은 원칙적으로 자신들의 대표를 통해 지역협의회 등 의견수렴 절차에 참여하는 것이 바람직합니다.

대표는 그 스스로가 이해관계가 있는 주민 또는 어업인이어야 합니다.
변호사와 같이 해상풍력사업과 직접 이해관계가 없는 제3자가 지역협의회 논의 과정에서 주민 또는 어업인을 대표하는 것은 바람직하지 않습니다.

- 다만, 후술하는 바와 같이, 이해관계가 없는 제3자는 사업위원(사업자) 또는 시민위원(주민·어업인)의 추천을 받아 지역협의회의 중립적·전문적 구성원인 전문위원으로서 참여할 수 있습니다.

단체 참여시 요건과 의무

이해관계인들은 대표에게 의사결정의 권한을 위임한 것이므로, 지역 협의회에서 자신들의 대표가 내린 결정을 존중해야 합니다.

지역협의회에 참여하는 이해관계인 단체의 대표자는 자신이 대표하는 이해관계인들 혹은 단체 구성원의 의견을 충분히 수렴하여야 합니다.

- 구성원의 의견을 정당한 이유 없이 묵살하거나 독단적으로 의사를 결정하여서는 안 됩니다.

대표의 대표성과 책임성을 보장하기 위해, 지역협의회에 참여하고자 하는 이해관계인 단체는 ①대표자의 대표성을 입증할 수 있는 자료*와 ②협의체에서 논의되는 사항과 결과를 단체 구성원에 전달하기 위한 방안을 작성하여 협의회에 제공하여야 하며, 대표가 변경된 경우 지체 없이 협의회에 관련 서류를 첨부하여 통보하여야 합니다.

* (예) 법정단체 : 등기부 등본
임의단체 : 대표권에 대한 총회나 이사회 등 의결기구의 회의록이나 위임장 등

참여 시기

사업의 계획단계부터 의견수렴을 시작하는 것이 바람직하지만, 이해관계인 단체 중 일부는 정보를 나중에서야 접했거나 뒤늦게 참여를 희망할 수도 있습니다.

- 이해관계인 또는 단체가 정보를 뒤늦게 접하여 시작 단계에서부터 참여하지 못하는 일이 발생하지 않도록 지역협의회 지원기관에서는 사업 초기부터 지속적으로 정보를 제공하고 홍보해야 합니다.

이해관계인이 지역협의회가 구성된 이후 뒤늦게 참여하려면, 지역협의회 기존 구성원 모두의 동의를 확보할 것을 권고합니다.

- 또한, 뒤늦게 참여하게 되는 구성원은 지역협의회에서 기존에 이루어진 의사결정을 존중하여야 합니다.

한편, 이미 협의체가 구성·운영 중인 상황에서 참여 중인 단체를 인위적으로 분할하거나 단체에 소속된 개인을 독립적으로 참여시키는 등 방법으로 의사결정에 영향을 미치려 하여서는 안 됩니다.

라. 지역협의회 구성

지역협의회는 사업위원, 시민위원, 정부위원, 전문위원 등으로 구성하며, 총 20인 내외로 구성할 수 있습니다. 다만, 사업별로 사업 규모, 이해관계자의 범위 등이 다르므로 구성인원 등을 지역별로 조정할 것을 권장합니다.

1) 사업위원 : 발전사업자의 대표가 지정한 회사 관계자 (전체 위원수의 10% 이내)

2) 시민위원 : 주민, 어업인 등 이해관계인 (전체 위원수의 40% 이상)

ⅰ) 지역 주민의 대표

- 아래의 어느 하나에 해당하는 사람을 지역 주민의 대표로 인정할 수 있습니다. 지역민의 의사를 대표할 수 있는 공적 권한이 있는 이장 등 참여를 우선하고, 지역민 대표가 난립하는 것은 지양해야 합니다.

  가. 사업지 주변지역에 구성된 주민자치위원회의 위원장
  나. 주민자치위원 중 해상풍력과 관련하여 대표로 지정된 사람
  다. 사업반경에 포함되는 지역의 이·통장

- 한편, 해상풍력의 찬반을 목적으로 조직된 주민 단체가 참여하려는 경우에는 ① 지역협의회의 합의가 있어야 하며, ② 회원 명부를 공개하고, ③ 모든 회원이 이해관계가 있는 주민으로 구성되어야 합니다.

ⅱ) 어업인의 대표

- 어업인 대표로는 지역별·업종별 수협 대표 및 어업인 조직체 등을 고려할 수 있습니다.
- 어업인 대표를 선정할 때 사업자는 입지적정성 사전 검토(해양입지컨설팅)에서 제공하는 사업예정 해역의 주요 조업 정보를 바탕으로, 지자체 등 관계행정기관·수협·지역협의회 지원기관 등과 협의하여 어업인 대표를 파악할 수 있습니다.

- 해상풍력과 관계없이 기존에 조직되어 있는 어업인을 대표하는 조직체의 참여가 우선되어야 합니다.
- 해상풍력발전사업에 대한 찬반을 위해 만들어진 조직이 지역협의회에 참여하려는 경우에는 ① 해당 해역에서 조업해왔음을 증명할 수 있는 어업인으로 구성되고, ② 지역협의회의 합의 및 ③ 회원 명부 공개 등 요건을 갖추어야 합니다.

3) 전문위원 (20% 이상)

- 전문위원은 발전사업, 갈등조정 등 전문성이 있는 사람으로 하며, 사업위원과 민간위원이 협의하여 각각 절반씩 추천할 것을 권고합니다.

4) 정부위원 (지자체 및 지방해수청 소속 공무원, 이하 참조)

한편, 공유재로서 공유수면이 바람직한 방향으로 활용되고, 사업 추진시 논의가 원활히 진행될 수 있도록, 행정청이 지역협의회에 참석하고 적절한 의견을 제시함이 바람직합니다.

- 지방자치단체 및 지방해양수산청 소속공무원의 참석에 대하여 사업자와 해당 행정청간 협의하여야 합니다.

1) 지방자치단체 : 해당해역을 관할하는 기초지자체 담당자

※ 광역자치단체가 참여할 수 있는 경우 (예시) :

❶ 2곳 이상의 기초지자체가 관련된 경우

❷ 광역지자체가 운영하는 지역협의회 또는 민관협의회와 연계되어 지역협의회가 설치되는 경우 (집적화단지 민관협의회가 아닌 협의회를 말함)

2) 지방해양수산청 : 항만구역이나 배타적경제수역(EEZ)인 경우 해역관리청으로 참여, 이 밖의 경우 배후항만의 활용성, 환경 및 통항 안전성 등에 대한 검토 의견을 제시

마. 지역협의회 운영

논의 안건

- 지역협의회에서는 사업정보, 어업정보, 보상계획 등 필요한 정보를 공유하며, 사업 추진계획 등에 관하여 의견을 수렴합니다.
- 또한, 지역협의회에서 주민참여형 사업으로 진행할지 여부를 논의한 결과 주민참여형으로 발전사업을 진행하기로 결정된 경우, 주민참여에 따른 신·재생에너지 공급인증서(REC) 판매 수익의 공유 및 배분, 투자한도에 대한 사항도 함께 논의할 수 있습니다.

위원장 선임

- ① 사업위원의 추천을 받은 전문위원 1인을 위원장으로 선임하거나, ② 사업위원의 추천을 받은 전문위원과 시민위원의 추천을 받은 전문위원 2인을 공동 위원장으로 선임하는 방안을 권고합니다.

위원 해촉

- 위원장은 위원이 ① 심신장애 등으로 직무를 수행할 수 없게 되거나 ② 직무와 관련하여 비위사실*이 있는 경우, 또는 ③ 지속적으로 회의 진행을 방해하는 경우 등에는 지역협의회 의결을 거쳐 해당 위원을 해촉할 수 있습니다.

* 지역협의회 활동으로 알게 된 정보를 다른 사람에게 누설하거나 자신의 이익을 위하여 사용한 경우 등

협의 기록

- 협의 기록을 녹음과 회의록을 남겨서 보관하고 공개함을 원칙으로 하되, 필요시 지역협의회의 결정으로 비공개할 수 있습니다.

개회와 의사 결정

- 위원장이 필요하다고 인정하거나, 재적위원 3분의 1 이상이 요청하는 경우 개회합니다.
- 의사결정의 세부기준은 지역협의회에서 자체적으로 정하는 것이 바람직합니다. 다만, 세부 기준을 자체적으로 정함에 있어, "재적위원 과반수 출석과 출석위원 3분의 2 찬성으로 의결" 등 기준을 활용할 수 있습니다.
- 한편, 결정사항과 관련한 핵심 이해관계인이 불참한 경우에 대비한 장치를 지역협의회 내에서 사전에 마련하여 합의할 필요가 있습니다.

지역협의회 지원을 위한 독립적·중립적 기관 활용

- 업자자로 중립적 입장을 갖고 독립적으로 운영되는 지방정부 출연 연구기관(시도 단위 지방연구원)이나 지역협의회에서 추천(또는 선정)하는 교수 또는 대학 등 비영리단체, 해양수산분야 전문기관(이하 "지원기관")를 통해 협의체 운영을 지원받고 이해관계인을 선별하며 이해관계인에게 정보를 제공할 수 있습니다.

※ 해당 지역의 여건에 따라 출연연구기관, 대학 등 비영리단체를 선정하기 어려운 경우, 사업자는 독립적·중립적 기관 등 선정을 지역협의회에 일임하거나 지자체 등에 선정을 요청할 수 있음

비용 분담

- 사업자는 지역협의회 및 지역협의회 지원기관의 구성·운영에 필요한 직접 경비를 부담하여야 합니다. 직접 경비는 위원별 회의참석비 등 회의 운영을 위해 직접 소요되는 경비를 말합니다.
  - 회의참석비는 주민·어업인 대표, 전문가에게만 지급하되, 비용은 교통비와 표준임금을 고려한 금액을 넘어서지 않도록 합니다.
  - 직접 경비 지출을 명목으로 이해관계인에게 임의로 현금 등 회의와 관계 없는 편익을 지원하는 것은 지역협의회 취지에 맞지 않는 지출로서 동 안내서는 이를 엄격히 금지합니다.
- 한편, 지역협의회 위원간 상호 신뢰를 구축하기 위해서는 자금 집행의 투명성을 확보하는 것이 필요합니다. 이를 위해, 사업자는 지원기관 또는 풍력산업협회 등 제3의 독립기관을 통해 비용을 집행하도록 합니다.

참 고 지역협의회 운영을 위한 지원기관 활용 방안

지원기관 활용의 장점

- 해상풍력발전에 대한 최대한 정확한 정보를 신뢰성 있는 기관이 관리하고 이에 대한 신속하고 쉬운 접근이 가능할 것입니다.
- 또한 협의 과정을 기록하고 남겨 놓음으로써 불필요한 오해의 여지를 최소화하는 한편, 이해관계인간 협의를 촉진할 수 있습니다.

주체

- 대외적으로 공신력을 갖춘 비영리기관으로서 특히 지역에 기반을 둔 정부출연연구원, 지방연구원이나 대학 등이 역할을 담당할 수 있습니다.

역할

❶ 이해관계인 선별 지원

- 사업자가 지역협의회 구성을 주도함에 있어 이해관계가 있는 주민과 어업인을 구별하기는 쉽지 않습니다.
- 독립적·중립적 지원기관이 주민·어업인과 소통하며 이들로부터 정보를 제공받아 사업자가 이해관계가 있는 주민과 어업인을 적절히 선정할 수 있도록 지원할 수 있습니다.

❷ 정보공유의 창구

- 누구든 자유롭게 열람할 수 있는 정보도 있고 또는 사전 신청이 필요한 정보도 있을 수 있습니다. 이는 지역협의회에서 결정함이 바람직합니다.
- 또한, 사업계획, 민원 관련 사실관계, 지역과의 상생 방안, 지역주민·어업인 지원 등 전문정보를 수집해 지역협의회에 제공할 수 있습니다.

❸ 지역협의회 운영 지원

- 지역협의회 지원기관은 회의 개최, 회의록 작성 등 회의에 필요한 행정적 사항을 지원할 수 있습니다.

기타 참고사항

- 사업자(공공주도 사업의 경우 지자체)는 이들 기관의 독립성·중립성을 확보할 수 있도록 별도의 예산 운영 등 필요한 조치를 하여야 합니다.
- 독립적·중립적 기관의 운영에 대해서는 「환경관리해역 민관산학협의회의 구성 및 운영에 관한 규정」 등 관련 제도를 참고할 수 있습니다.

바. 지역협의회 의사결정의 원칙과 방법

의사결정을 위한 공통적 기본 원칙

- 지역사회의 다양한 의견을 수렴하여 합의를 바탕으로 해상풍력사업을 추진하기 위해서는 논의에 참여하는 모든 사람들이, 어느 지역에서든지, 어떤 상황에서든지 항상 지켜야 할 몇 가지 대원칙이 있습니다.

❶ 상호 신뢰의 원칙

- 소모적인 갈등을 예방하고 합의에 도달하기 위해서는 무엇보다 서로를 신뢰하는 것이 중요하며, 이는 가장 중요한 원칙입니다. 상호신뢰는 크게 두 가지로 구분할 수 있습니다.
- 첫째, 합의를 도출하는 과정에서 신뢰가 필요합니다. 자신과 의견이 다르다 할지라도 상대방의 의견에 귀를 기울이는 자세를 통해서 서로 신뢰를 쌓을 수 있습니다.
- 둘째, 합의한 결과에 대한 신뢰가 중요합니다. 이는 합의 사항을 지키는 자세를 말합니다.
  - 사소한 합의더라도 이것이 지켜지지 않는다면 사람들은 더 이상 합의하려는 노력조차 하지 않을 것이며, 반대로 합의가 지켜지는 경험을 꾸준히 하게 되면 사람들은 서로 신뢰하는 법을 학습할 수 있게 됩니다.

❷ 포용성의 원칙

- 해상풍력 대상지역에 실제로 이해관계를 갖고 있는 다양한 사람들을 모두 포용해서 논의에 참여할 수 있도록 하는 것이 중요합니다.
- 예를 들어, 특정 업종에 종사하는 사람들에게만 정보를 제공하거나 이들의 의견만 청취하고, 다른 사람들은 배제해서는 안 됩니다.

❸ 투명성의 원칙

- 해상풍력사업에 대해서 논의하기 위해 필요한 자료나 정보들은 관심 있는 모든 사람들이 확인할 수 있도록 공개해야 합니다.
- 회의록 역시 투명하게 공개한다면 불필요한 오해가 생기는 것을 막을 수 있고 회의 참여자들은 더욱 책임감 있게 참여할 수 있으며 논의를 원활하게 진행하는 데 도움이 됩니다.
- 이해관계인 단체를 대표하여 지역협의회에 참여한 대표자는 협의의 내용을 단체의 구성원에게 투명하게 제공하여 불필요한 오해가 발생하지 않도록 하여야 합니다.

❹ 적시성의 원칙

- 해상풍력사업에 대해 지역사회의 의견을 충분히 모으기 위해서는 되도록 일찍부터 논의를 시작하는 것이 좋습니다.(예 : 사업의 계획단계 등)
- 갈등이 확대된 많은 사업들의 경우, 뒤늦게 주민들의 의견을 듣기 시작했던 것이 바로 갈등을 일으킨 주요 원인 중의 하나로 지적되고 있다는 점을 고려하여야 합니다.

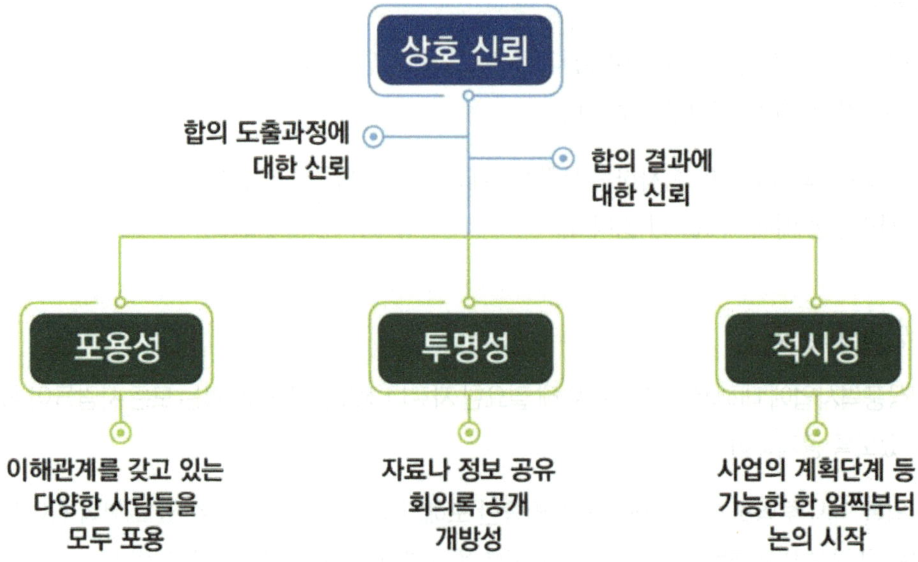

지역별로 의사결정의 세부 방식을 결정하는 방법

- 이들 대원칙 외에도 지역별로 여건과 상황에 따라 구체적인 규칙이 필요할 수 있습니다.

  * (예) 회의에서 발언시간을 공평하게 배분하는 방식, 의견에 대해 동의 여부를 결정하기 위해 필요한 기준 등

- 이러한 규칙들은 지역에서 함께 만들어 나가는 노력이 필요합니다. 이것이 바로 지역이 스스로 만들어낸 기본원칙(그라운드 룰, ground rule)이라 할 수 있습니다.

  - 모두가 합의하기 쉬운 기본 규칙부터 정하고 지켜나간다면 어렵고 복잡하거나 예민한 사항도 합의를 이룰 수 있는 발판이 될 것입니다.

- 갈등 상황에서 함께 의사결정을 해 본 경험이 없는 경우 이러한 원칙을 적용하는 데 어려움을 겪을 수 있습니다.

  - 필요한 경우 갈등관리 전문가 또는 전문기관으로부터 도움을 받기를 추천합니다.

예시

지역이 스스로 만들어낸 기본원칙 정하기

- 집단 스스로가 만들어낸 약속으로 집단 구성원들이 행동이나 의사결정을 하는 데에 기본이 되는 규칙을 말함
- 이를 정하는 방식은 다양하지만, 대표적으로 다음과 같은 방식이 흔히 사용됨

각자가 생각하는 지역의 원칙을 포스트잇에 하나씩 적어서 큰 종이에 붙이기

↓

유사한 것들끼리 분류하기

↓

다같이 상의하여 지역의 원칙 확정하기

↓

지역의 원칙을 기록하고 실천에 옮기기

☆ 말하는 도중에 끼지 않기

☆ 고성으로 말하거나 감정적인 표현을 쓰지 않기

☆ 이전 회의 결과를 읽어오기

06

정보공유

가. 정보공유의 중요성
나. 정보공유의 방식
다. 기타 해상풍력 정보

가. 정보 공유의 중요성

전 세계적으로 해상풍력 보급은 다른 발전원에 비해서는 최근 들어서야 활성화되기 시작했습니다. 이전까지 상상하지 못했던 방식으로 바다를 이용하기 때문에 해상풍력이 바다에 어떤 영향을 미칠지를 쉽게 예단할 수 없습니다.

- 아울러, 우리나라와 물리적 조건이나 바다를 이용하는 방식이 다른 외국의 연구 결과를 동일하게 적용하기도 어렵습니다.

따라서, 관련된 정보를 공개하고 제약 없이 누구나 쉽게 확인함으로써 해상풍력을 둘러싼 이해관계인인 사업자나 어업인, 지역주민 간에 발생할 수 있는 오해의 여지를 최소화하여야 합니다.

객관적이고 신뢰성 있는 정보를 근거로 의사결정이 이루어져야 하며, 사업을 추진하려는 측이나 기존에 바다를 이용하던 모든 이들 각자가 갖고 있는 정보를 왜곡하지 않고 상호 공유하려는 자세가 필요합니다.

나. 정보공유의 방식

정보의 유형

해상풍력발전사업에 있어 중요한 정보로는 사업자의 사업계획 등에 관한 사업정보, 지역의 어업·통항 현황 등 지역정보, 행정청의 인·허가 등과 관련된 행정정보가 있습니다.

정보의 공개 범위 및 시기

사업자는 사업 초기 단계에서부터 관련 정보를 사업 단계별로 최대한 조기에 공개하고자 노력해야 합니다. 특히, 해상풍력 발전사업에 대한 사업 의향을 지역민들이 알 수 있는 풍황계측기 설치 단계부터 공개 가능한 범위에서 사업 내용을 공개하는 것이 바람직합니다.

정보 공개의 구체적·세부적 대상과 범위, 수준, 정보 공개의 주기 및 시점 등은 지역협의회를 통해 논의 후 결정할 것을 권고합니다.

- 사업자가 공개를 고려하여야 하는 정보의 예시로는 사업자가 누구인지, 풍황 계측기의 형식과 설치 위치, 해상풍력 발전사업의 규모(단지계획 등 포함), 송변전설비 부설 계획 및 위치 등이 있습니다.
- 이 때, 신기술의 활용, 입찰과정에 대한 정보 등 사업상 핵심 비밀에 관한 정보와 민감한 개인정보는 보호받아야 함을 유념하여야 합니다.

정보의 공개는 상호적이어야 합니다. 주민과 어업인들은 원활히 소통하고 상호 신뢰를 구축하기 위해 어업·통항정보 등 향후 사업 추진에 영향을 미치는 요인과 관련된 정보를 사업자와 충분히 공유할 것을 권고합니다.

사업 주체별 정보 공유 방식

공공주도 해상풍력 발전사업 (집적화단지 등)

- 지자체 등 공공이 주도하는 해상풍력 발전사업의 경우 지자체에서 관련 내용을 사전에 지역민에게 알릴 수 있는 기반을 구축하고 있어, 이를 활용할 수 있습니다.
- 「신·재생에너지 집적화단지 조성·지원 등에 관한 지침」에 따른 민관협의회 운영과정에서도 사업정보를 지역민과 공유할 수 있습니다.

민간 해상풍력 발전사업

- 민간업체가 해상풍력 발전사업을 추진하려는 경우 지역에서 협의체가 구성되지 않은 상태에서는 지역민에게 정보를 공개하기 쉽지 않습니다.
- 최대한 빨리 지역협의회를 구성하여 지역민에게 정보를 공개토록 노력하되, 지역협의회 구성 전에는 지자체의 도움을 받을 수 있습니다.

정보 공유 절차

공공주도 해상풍력사업의 경우, 사업을 주도하는 지자체의 사무실과 홈페이지를 통해서 정보를 제공할 것을 권장합니다.

지역협의회 지원기관을 선정·운영하는 경우, 민간 해상풍력 발전사업에 대한 상세한 정보는 지원기관의 사무실과 홈페이지를 통해서 제공할 것을 권장합니다.

- 지역협의회 지원기관은 지역협의회의 개최와 운영 관련 정보는 물론 이해관계인이 의사결정에 필요한 사업 정보를 사업자로부터 수집하고 취합하며, 이를 통해, 관련된 사람들이 이들 정보에 쉽게 접근할 수 있도록 하는 역할을 합니다.

다. 기타 해상풍력 정보

사업 대상 해역에서 기존에 이루어지던 해역이용활동에 대한 정보는 해양수산빅데이터플랫폼, 해양공간통합관리정보시스템을 활용하여 확인할 수 있습니다.

* (예시) 발전사업을 하려는 해역을 이용하고 있는 마을어업이나 양식어업, 공유수면의 점용·사용 정보, 연안에서의 선박통항 흐름과 밀집되는 해역위치, 지자체별 해양용도구역의 지정·고시 현황 등

해양수산부 해양수산 빅데이터플랫폼 https://www.vadahub.go.kr/

해양수산부 해양공간통합관리정보시스템 https://www.msp.go.kr/

해상풍력에 대한 일반적인 기술 정보는 한국에너지공단의 신재생에너지센터를 활용하여 확인할 수 있습니다.

한국에너지공단 신·재생에너지센터 https://www.knrec.or.kr/

주민·어업인과 함께하는 해상풍력발전 안내서(가이드라인)

초판 인쇄 2023년 09월 20일
초판 발행 2023년 09월 26일

저 자 산업통상자원부, 한국해양수산개발원
발행인 김갑용

발행처 진한엠앤비
주소 서울시 서대문구 독립문로 14길 66 205호(냉천동 260)
전화 02) 364 - 8491(대) / 팩스 02) 319 - 3537
홈페이지주소 http://www.jinhanbook.co.kr
등록번호 제25100-2016-000019호 (등록일자 : 1993년 05월 25일)

ISBN 979-11-290-5093-9 (93560) [정가 10,000원]